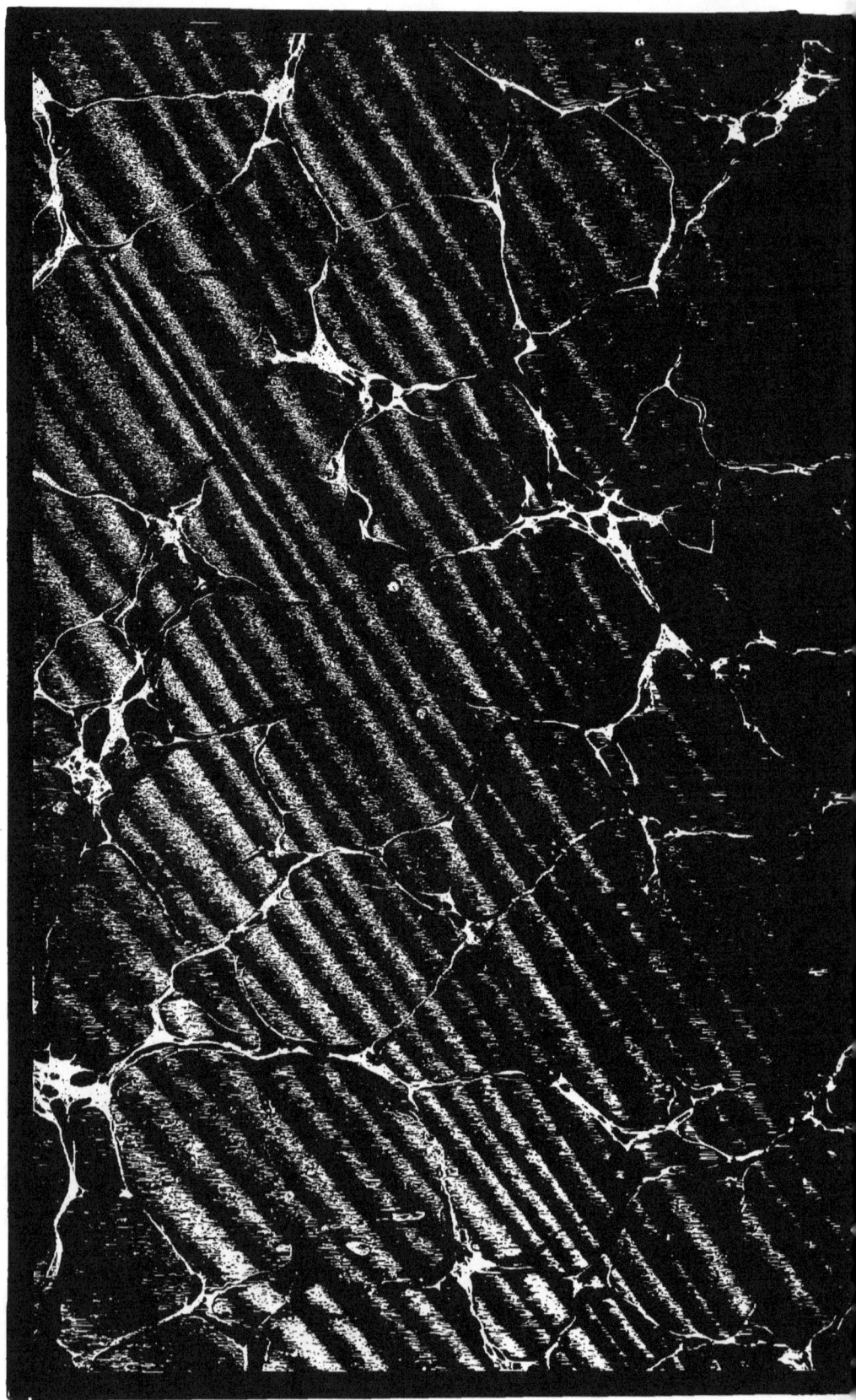

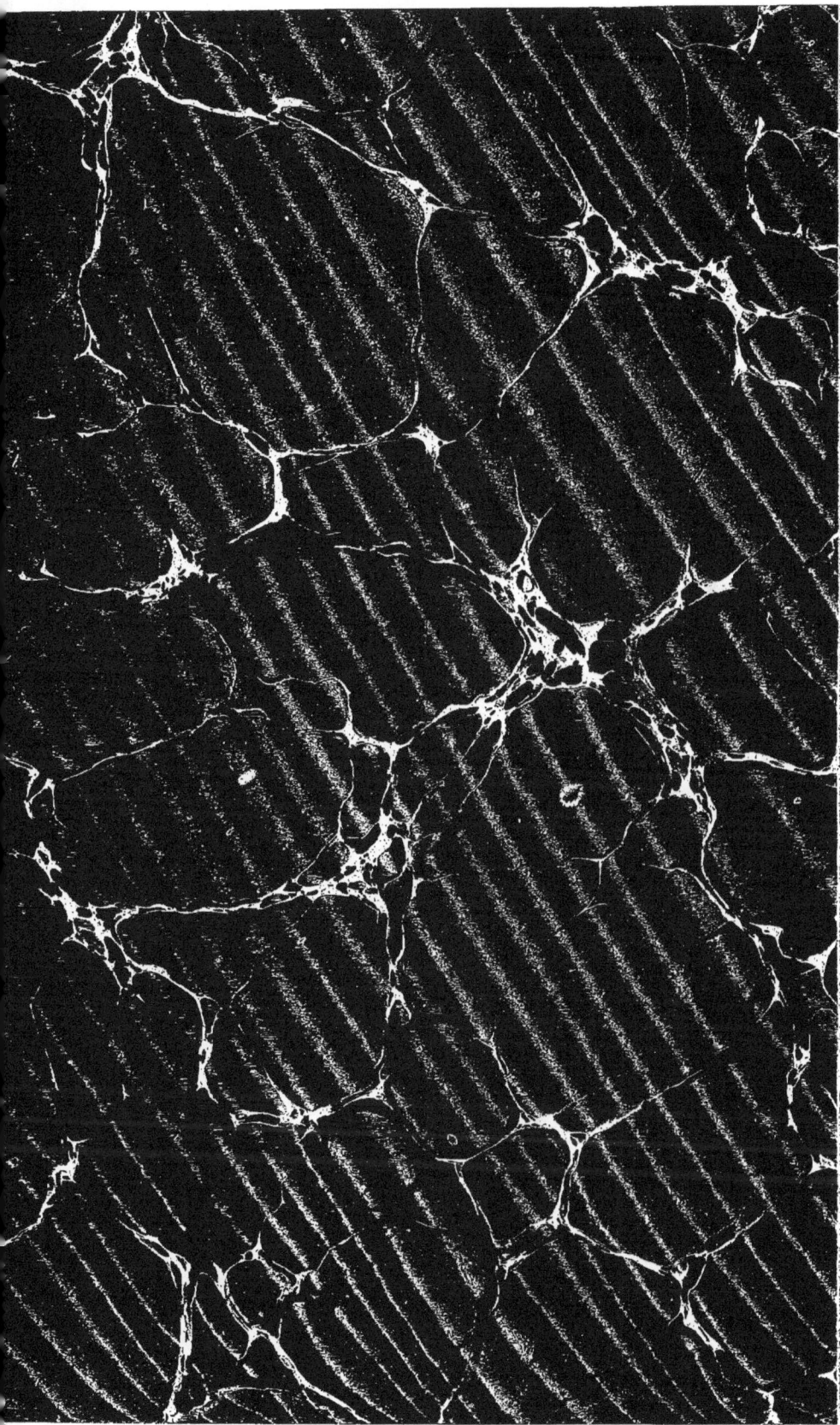

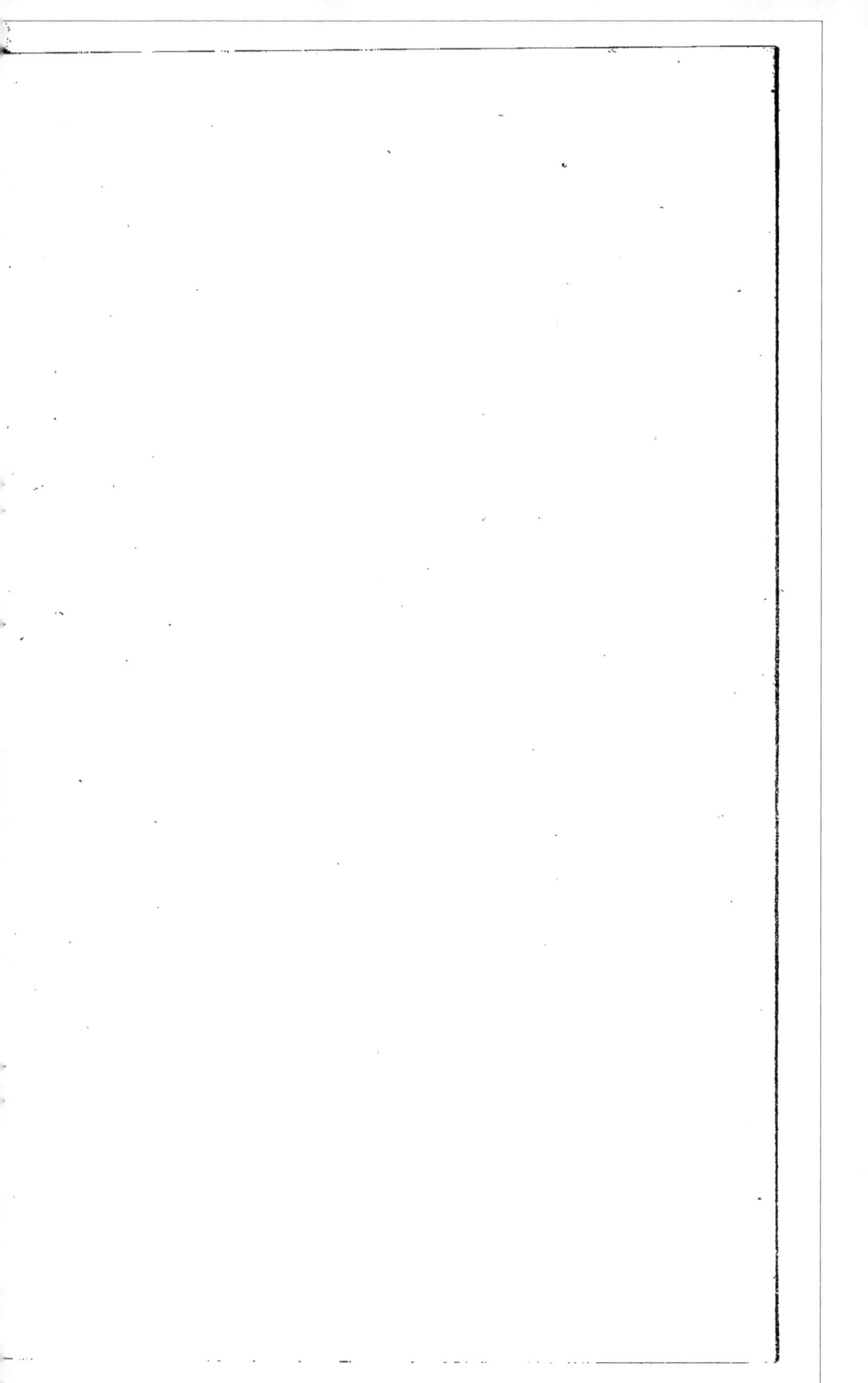

32029

ÉLÉMENTS

DE PLANIMÉTRIE

ET DE

STÉRÉOMÉTRIE PRATIQUES.

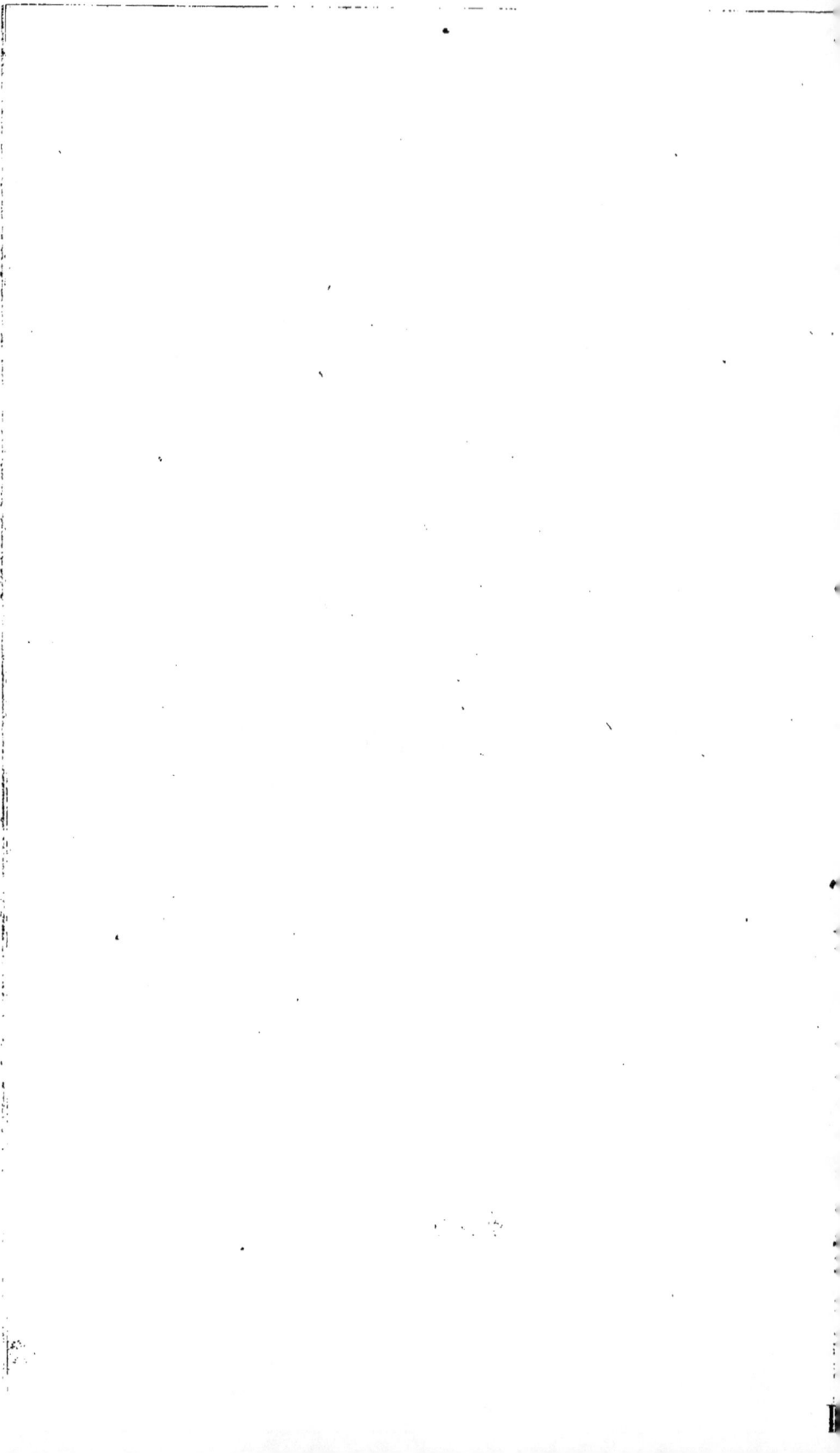

ÉLÉMENTS

DE

PLANIMÉTRIE

ET DE

STÉRÉOMÉTRIE

PRATIQUES,

OU LA MANIÈRE DE MESURER LES SURFACES ET LES SOLIDES,

suivie

De 5o problèmes sur les surfaces et le cubage,

Par Antoine **BERNARDET**.

CHALON-S.-S.,

IMPRIMERIE DE J. DUCHESNE,

Grand'Rue, 35.

—

1843.

Tous les exemplaires sont revêtus de ma signature.

AVIS PRÉLIMINAIRE.

La connaissance, au moins pratique, du mesurage des surfaces et des solides est très utile à tout le monde. Elle est indispensable surtout aux Entrepreneurs, aux Ouvriers travaillant à la bâtisse, tels que Carriers, Tailleurs de pierres, Maçons, Couvreurs, Plâtriers, Charpentiers, Menuisiers, Peintres, etc. ; à ceux travaillant aux objets de capacité, tels que Tonneliers, Foudriers, Chaudronniers, Fondeurs, etc.; aux commerçants sur les bois, les charbons, les vins, etc., etc.

Cependant, malgré son utilité presque générale, l'art de mesurer les surfaces et les solides est encore ignoré d'un grand nombre d'Ouvriers ; la plupart n'arrivent qu'en tâtonnant à connaître le nombre de mètres carrés ou de mètres cubes que peut contenir tel ou tel article de leur ouvrage. C'est donc pour eux principalement que je me suis déterminé à faire imprimer ce petit traité.

A l'aide de ma méthode, ils pourront, connaissant les trois premières règles de l'arithmétique, l'addition, la soustraction et la multiplication, apprendre en très peu de temps l'art de mesurer toute espèce de surfaces et de solides.

J'ai renfermé dans le cadre le plus étroit qu'il m'a été possible tout ce qu'il y a de plus en usage dans cette branche des mathématiques, pensant qu'on ne saurait trop restreindre un Ouvrage destiné aux personnes qui n'ont, le plus souvent, que de faibles instants à donner à leur instruction. J'ai apporté le plus grand soin dans l'exécution des figures représentant les surfaces planes, les solides polyèdres, les trois corps ronds et les différents troncs.

La dernière partie de cet Ouvrage est composée de cinquante problêmes gradués, renfermant tous les cas qui se présentent ordinairement dans le mesurage des surfaces et des solides. Chaque problême est suivi de sa réponse.

ÉLÉMENTS

DE

PLANIMÉTRIE

ET DE

STÉRÉOMÉTRIE

PRATIQUES ,

OU LA MANIÈRE DE MESURER LES SURFACES ET
LES SOLIDES OU CORPS.

DES LIGNES.

On appelle ligne, une longueur sans largeur
ni hauteur ou épaisseur.

On distingue trois sortes de lignes : la ligne
droite, la ligne brisée et la ligne courbe.

La ligne droite est le plus court chemin d'un
point à un autre : — A B. (*Voir* la planche n° 1.)

La ligne brisée est celle qui, sans être droite, est composée de lignes droites : — A B C D, *fig.* 2.

La ligne courbe est celle qui n'est ni droite ni composée de lignes droites : — A B, *fig.*. 3.

On appelle ligne perpendiculaire, celle qui suit la direction d'un fil à plomb : — B A, *fig.* 5.

Une ligne droite est dite perpendiculaire à une autre, lorsqu'elle tombe sur cette autre sans pencher ni d'un côté ni de l'autre : — D B, *fig.* 4.

On appelle ligne horizontale, celle qui est tirée dans le sens de l'horizon ou qui suit le niveau de l'eau tranquille.

Deux lignes sont parallèles, lorsque, situées en face l'une de l'autre, elles ne peuvent se rencontrer à quelque distance qu'on les prolonge : — A B, C D, *fig.* 6.

DES ANGLES.

Lorsque deux lignes droites, A B, A C, *fig.* 7, se rencontrent, la quantité plus ou moins grande dont elles sont écartées l'une de l'autre, s'appelle angle.

On nomme sommet de l'angle, le point de rencontre, A, des deux lignes A B, A C; et côtés de l'angle, ces deux lignes.

On appelle angle droit, celui qui est formé par deux lignes perpendiculaires l'une à l'autre; tel est B A C, *fig.* 7; angle aigu, celui qui est plus petit que l'angle droit, *fig.* 8, et angle obtus, celui qui est plus grand que l'angle droit, *fig.* 9.

On appelle aussi angle rectiligne, celui qui est formé par deux lignes droites, tels sont les angles dont je viens de parler; angle curviligne, celui qui est formé par deux lignes courbes, *fig.* 10, et angle mixtiligne, celui qui est formé par une ligne droite et une ligne courbe, *fig.* 11.

Un angle est plus ou moins grand suivant le plus ou moins d'écartement de ses côtés.

Ainsi, la grandeur d'un angle ne consiste donc point dans la longueur de ses côtés, mais bien dans leur ouverture.

Pour mesurer un angle, on se sert d'un demi-cercle dont la demi-circonférence est divisée en 180 parties égales que l'on appelle degrés.

Ce demi-cercle est le rapporteur, pour mesurer les angles sur le papier ; et le graphomètre, pour les mesurer sur le terrain.

DES SURFACES.

On appelle surface, ce qui a longueur et largeur, sans hauteur ou épaisseur.

La planimétrie est une partie de la géométrie, qui a pour objet la mesure des surfaces.

On nomme plan ou surface plane, une surface unie, sur laquelle on peut appliquer en tous sens une règle bien droite.

On appelle figure plane, un plan terminé de toutes parts par des lignes.

Si cette figure est terminée par des lignes droites, on l'appelle polygone.

On distingue deux sortes de polygones : le polygone régulier, qui a les côtés égaux et les angles égaux, telles sont les *fig*. 12, 17, 22, etc.; et le polygone irrégulier, qui a les côtés inégaux et les angles inégaux, telles sont les *fig*. 13, 20, 26, etc.

Le polygone prend différents noms, suivant le nombre de ses côtés.

On appelle triangle, le polygone à trois côtés, *fig*. 13; quadrilatère, le polygone à quatre côtés, *fig*. 18; pentagone, le polygone à cinq côtés, *fig*. 22; hexagone, le polygone à six côtés, *fig*. 23; heptagone, le polygone à sept côtés; octogone, le polygone à huit côtés, etc.

Le triangle est le plus simple de tous les polygones, parce qu'on ne peut pas former une figure rectiligne ou polygone, à moins de trois lignes droites.

On distingue trois sortes de triangles : le triangle équilatéral, le triangle isoscèle et le triangle scalène.

Le triangle équilatéral est celui dont les trois côtés sont égaux, *fig.* 12.

Le triangle isoscèle est celui dont deux côtés seulement sont égaux, *fig.* 13.

Le triangle scalène est celui dont les trois côtés sont inégaux, *fig.* 14.

Si un triangle isoscèle ou scalène, *fig.* 16 et 15, a un angle droit, il prend le nom de triangle rectangle.

On appelle hypothénuse, le côté opposé à l'angle droit.

La hauteur d'un triangle est mesurée par la perpendiculaire menée d'un de ses angles sur le côté opposé à cet angle, B O, *fig.* 14.

On appelle base du triangle le côté sur lequel tombe la perpendiculaire qui mesure sa hauteur.

Ainsi, le côté A C est la base du triangle A B C, *fig.* 14.

On obtient la superficie d'un triangle, en multipliant sa base par la moitié de sa hauteur.

Voir, à la fin de l'ouvrage, les problèmes 1, 2, 3, etc., sur les triangles.

On distingue cinq sortes de quadrilatères, qui sont :

Le carré, le rectangle, le parallélogramme ou rhombe, le losange et le trapèze.

Le carré est un quadrilatère qui a les côtés égaux et les angles droits, *fig.* 17.

Le rectangle est un quadrilatère qui a les côtés égaux deux à deux et les angles droits, *fig.* 18.

Le parallélogramme ou rhombe est un quadrilatère qui a les côtés égaux deux à deux sans avoir les angles droits, *fig.* 19.

Le losange est un quadrilatère qui a les côtés égaux et les angles inégaux, *fig.* 20.

Le trapèze est un quadrilatère dont deux côtés seulement sont parallèles, *fig.* 21.

On obtient la superficie du carré, en multipliant un de ses côtés par lui-même.

On obtient celle du rectangle, en multipliant un de ses côtés A B, par le côté adjacent E B.

On obtient celle du parallélogramme, en multipliant un de ses côtés, C D, par la hauteur, O S., *fig.* 19.

On obtient la superficie du losange, en multipliant un de ses côtés par sa hauteur B C.

On obtient celle du trapèze, en multipliant la somme de ses deux côtés parallèles, A B C D, par la moitié de sa hauteur, O S. *fig.* 21.

On obtient la superficie d'un polygone régulier, soit pentagone, hexagone, heptagone, etc. en multipliant son contour ou périmètre, A B C D E, par la moitié de la perpendiculaire, O S, que l'on appelle apothème, *fig.* 22.

On obtient la superficie d'un polygone irrégulier, en le divisant en triangles, et en évaluant la surface de chaque triangle.

Voir les problémes 5, 6, 7, 8, 9, 10, *etc., sur le carré, le rectangle, le trapèze, etc.*

DU CERCLE.

On appelle circonférence, une ligne courbe dont tous les points sont à égale distance d'un point intérieur , O , qu'on appelle centre , *fig.* 24.

L'espace compris dans la circonférence, s'appelle cercle.

Toute ligne, O B, O D, menée du centre à la circonférence , s'appelle rayon; et toute ligne droite, A B, qui partage la circonférence et le cercle en deux parties égales et qui se termine à la circonférence, s'appelle diamètre.

On appelle arc, une partie de la circonférence, A E D, *fig.* 25, et corde ou sous-tendante, la ligne droite , A D, qui unit les deux extrémités de l'arc.

2

On appelle segment, la surface ou portion du cercle comprise entre l'arc et la corde; et secteur, la surface comprise entre l'arc et les deux rayons menés aux extrémités de cet arc, B O D, *fig.* 24.

On obtient la superficie d'un cercle, en multipliant sa circonférence, par la moitié de son rayon, ou le quart de son diamètre.

Si on avait à chercher la circonférence d'un cercle dont on connaîtrait le diamètre, on trouverait cette circonférence, en multipliant le diamètre par 3 unités, 14 centièmes.

Par exemple, si on demandait : quelle est la circonférence d'un cercle de 6 mètres de diamètre, on multiplierait 6 par 3,14, ce qui donnerait pour circonférence, 18 mètres, 84 centimètres.

Si on avait à chercher le diamètre d'un cercle dont on connaîtrait la circonférence, on trouverait ce diamètre, en divisant la circonférence par 3 unités, 14 centièmes.

Par exemple, si on demandait : quel est le diamètre d'un cercle de 15 mètres, 7 décimètres de circonférence, on diviserait 15 mètres, 7 décimètres, par 3, 14 centièmes, ce qui donnerait 5 mètres pour diamètre.

Voir les problêmes 16, 17, 18, etc., sur la circonférence et le cercle.

DES SOLIDES.

NOTIONS PRÉLIMINAIRES.

Une ligne droite, E O, *fig.* 27, est perpendiculaire à un plan, A B C D, lorsqu'elle est perpendiculaire à toutes les lignes droites, F I, G H, etc. qui passent par son pied dans ce plan.

Réciproquement, le plan est perpendiculaire à la ligne.

Deux plans sont parallèles, lorsqu'ils ne peuvent se rencontrer à quelque distance qu'on les prolonge, *fig.* 28.

On appelle solide ou corps, tout ce qui a longueur, largeur et hauteur ou épaisseur.

On nomme angle solide, l'espace angulaire compris sous plusieurs plans, A O C, A O E, E O C, *fig*. 29, qui se rencontrent en un même point, O.

DES POLYÈDRES.

Tout solide terminé par des plans ou des surfaces planes, s'appelle polyèdre.

On distingue deux sortes de polyèdres : les polyèdres réguliers et les polyèdres irréguliers.

Le polyèdre régulier est celui dont toutes les faces sont des polygones réguliers égaux, et dont tous les angles solides sont égaux entre eux.

L'intersection commune, E A, *fig*. 31, de deux faces adjacentes, B A E F, C A E H, se nomme côté ou arête du polyèdre.

Les polyèdres réguliers sont au nombre de cinq, savoir :

Le tétraèdre, polyèdre dont la surface présente quatre triangles équilatéraux, *fig.* 30.

L'hexaèdre, polyèdre dont la surface présente six carrés égaux, *fig.* 31.

L'octaèdre, polyèdre dont la surface présente huit triangles équilatéraux, *fig.* 32;

Le dodécaèdre, polyèdre dont la surface présente douze pentagones égaux et réguliers , *fig.* 33;

Et l'icosaèdre, polyèdre dont la surface présente vingt triangles équilatéraux, *fig.* 34.

On obtient la superficie d'un polyèdre régulier, en multipliant la surface d'un de ses plans, par 4, si le polyèdre en question est un tétraèdre; par 6, si c'est un hexaèdre; par 8, si c'est un octaèdre; etc.

On obtient la solidité ou le cube d'un polyèdre régulier, en multipliant sa surface par le tiers de la perpendiculaire menée de son centre sur l'un de ses plans.

La solidité de l'hexaèdre régulier, que l'on

nomme ordinairement cube, s'obtient d'une manière plus simple en multipliant un de ses côtés deux fois par lui-même.

Voir les problêmes 21, 22, etc., sur les polyèdres réguliers.

DES PRISMES.

On appelle prisme, un polyère irrégulier compris sous plusieurs plans parallélogrammes terminés de part et d'autre par deux plans polygones égaux et parallèles, fig. 35.

Les polygones égaux et parallèles, ACB, DEF, s'appellent les bases du prisme; et les autres plans, ADFB, BFEC, etc., forment la surface latérale ou convexe du prisme.

La hauteur d'un prisme est mesurée par la perpendiculaire menée d'un point de sa base supérieure, sur le plan de sa base inférieure.

On appelle prisme triangulaire, celui dont les bases sont des triangles, fig. 35.

Prisme quadrangulaire, celui dont les bases sont des quadrilatères, fig. 36.

Prisme pentagonal, celui dont les bases sont des pentagones, fig. 37.

Prisme hexagonal, celui dont les bases sont des hexagones, fig. 38.

Etc., etc.

On appelle parallélipipède, le prisme dont toutes faces sont des parallélogrammes, fig. 39.

On l'appelle aussi parallélipipède rectangle, lorsque toutes ses faces sont des rectangles.

On obtient la surface convexe d'un prisme quelconque, en multipliant le périmètre de sa base, D E F, fig. 35, par sa hauteur D A.

On obtient la solidité d'un prisme quelconque, en multipliant la surface d'une de ses bases, par sa hauteur.

Voir les problèmes 23, 24, 25, 26, etc., sur les prismes.

DES PYRAMIDES.

On appelle pyramide, un solide compris sous plusieurs plans triangulaires qui partent d'un même point, **T,** fig. 40, et se terminent aux différents côtés du même plan **A B C.**

Le plan **A B C,** s'appelle base de la pyramide; le point **T,** sommet; et tous les triangles réunis **ATB, ATC, CTB,** forment la surface latérale de la pyramide.

La pyramide est appelée pyramide droite, lorsque la perpendiculaire abaissée de son sommet, tombe au centre de sa base; et elle est appelée pyramide oblique, si la perpendiculaire abaissée de son sommet ne tombe pas au centre de sa base, fig. 41.

La hauteur d'une pyramide est mesurée par

la perpendiculaire abaissée de son sommet sur le plan de sa base.

On appelle pyramide triangulaire, celle dont la base est un triangle, fig. 40.

Pyramide quadrangulaire, celle dont la base est un quadrilatère, fig. 41.

Pyramide pentagonale, celle dont la base est un pentagone, fig. 42., etc.

On obtient la surface latérale d'une pyramide droite, en multipliant le périmètre de sa base, A B C, fig. 40, par la moitié de la hauteur, T S, d'une de ses faces.

On obtient celle de la pyramide oblique, en réunissant chaque triangle qui compose sa surface latérale, après en avoir évalué la superficie.

On obtient la solidité d'une pyramide quelconque, en multipliant la surface de sa base par le tiers de sa hauteur.

Voir les problèmes 30, 31, 32, etc., sur les pyramides.

DU CYLINDRE, DU CONE ET DE LA SPHÈRE.

On appelle cylindre, une espèce de rouleau dont les bases sont des cercles égaux et parallèles, fig. 43.

La ligne, D B, qui passe par le centre du cylindre et qui est perpendiculaire aux bases CA, EF, s'appelle axe du cylindre.

On appelle cylindre droit, celui dont la surface latérale est perpendiculaire aux bases, fig. 43; et cylindre oblique, celui dont la surface latérale est inclinée aux bases, fig. 44.

On appelle cylindre tronqué, celui dont les bases ne sont pas parallèles, fig. 45.

La hauteur d'un cylindre est mesurée par la perpendiculaire abaissée d'un point de sa base supérieure sur le plan de sa base inférieure.

Si le cylindre est oblique, la perpendiculaire déterminant sa hauteur, tombe en dehors du plan de sa base; fig. 44.

On obtient la surface convexe d'un cylindre en multipliant la circonférence d'une de ses bases par sa longueur.

On obtient la solidité d'un cylindre, en multipliant la surface d'une de ses bases par sa hauteur.

Voir les problèmes 33, 34, 35, *etc.*, *sur le cylindre.*

On appelle cône, une espèce de pyramide dont la base est un cercle, fig. 46.

Un cône est droit, lorsque la perpendiculaire abaissée de son sommet tombe au centre de sa base.

La hauteur d'un cône est mesurée par la perpendiculaire abaissée de son sommet sur le plan de sa base.

On obtient la surface convexe d'un cône droit, en multipliant la circonférence de sa base par la moitié de la ligne droite, O P, fig. 46, menée de son sommet à la circonférence de sa base.

On obtient la solidité d'un cône, en multipliant la surface de sa base par le tiers de sa hauteur, O S.

Voir les problêmes, 37, 38, etc., sur le cône.

On appelle sphère, une espèce de boule dont tous les points de la surface sont à égale distance d'un point intérieur qu'on appelle centre, fig. 50.

On appelle axe ou diamètre de la sphère, une ligne droite, A B, qui passe par son centre et se termine à sa surface ; et rayon, la ligne droite, O C, qui va de son centre à sa surface.

Les extrémités de l'axe s'appellent pôles.

On obtient la surface d'une sphère, en multipliant sa circonférence par son axe.

On obtient sa solidité, en multipliant sa surface par le tiers de son rayon, ou le sixième de son axe.

Voir les problêmes 40, 41, 42, etc., sur la sphère.

DU TRONC DE PRISME, DU TRONC DE PYRAMIDE ET DU TRONC DE CONE.

On appelle tronc de prisme ou prisme tronqué, un prisme coupé par un plan, A B C, fig. 47, incliné à sa base, D E F.

On obtient la surface latérale d'un tronc de prisme, en réunissant ses différents plans après en avoir évalué la superficie.

On obtient la solidité d'un tronc de prisme triangulaire, en multipliant la surface de sa base par le tiers de la somme de ses trois arêtes, si le tronc de prisme est droit; ou par le tiers de la somme des trois perpendiculaires abaissées sur le plan de la base prolongé, si le tronc de prisme est oblique.

On appelle tronc de pyramide ou pyramide tronquée, une pyramide coupée par un plan, EFGH, fig. 48, parallèle à sa base, A BC D.

On obtient la surface latérale d'un tronc de pyramide, en multipliant la somme des péri-mètres, ABCD, EFGH, des deux bases, par la moitié de la perpendiculaire, H P, menée d'un côté de la base supérieure au côté correspondant de la base inférieure, si le tronc de pyramide est droit; Si, au contraire, il est oblique, on ob-tient sa surface latérale en réunissant les sur-faces de ses différents plans latéraux.

On obtient la solidité d'un tronc de pyramide, en multipliant la somme de ses deux bases, plus la racine carrée du produit de ses deux bases par le tiers de sa hauteur, O S.

On appelle tronc de cône, ou cône tronqué, un cône coupé par un plan, A B, fig. 49, parallèle à sa base, C D.

On obtient la surface convexe d'un tronc de cône droit, en multipliant la somme des circonférences de ses deux bases par la moitié de la ligne droite, O S, menée d'un point de la circonférence supérieure à la circonférence inférieure ; ou par la demi-somme de sa plus grande et de sa plus petite hauteur de côté, s'il est oblique.

La solidité du tronc de cône s'obtient de la même manière que celle du tronc de pyramide, en multipliant la somme des deux bases, plus la racine carrée du produit de ces bases par le tiers de sa hauteur.

Il y a une autre marche pour cuber un tronc de pyramide ou un tronc de cône qui n'exige pas, comme la précédente, que l'on connaisse l'extraction des racines carrées, la voici :

Il faut retrancher la solidité de la pyramide ou du cône partiel de la solidité de la pyramide ou du cône entier, que l'on évalue comme il a été dit plus haut.

On trouve la hauteur de la pyramide partielle,

E F G H I, *fig.* 48, en divisant la hauteur, O S, du tronc multipliée par un des côtés, E H, de la base supérieure par la différence qui existe entre le côté, E H, de la base supérieure et le côté, A D, correspondant de la base inférieure.

On trouve celle du cône partiel en divisant la hauteur du tronc multipliée par le diamètre de sa base supérieure par la différence qui existe entre le diamètre de la base supérieure et celui de la base inférieure.

Voir les problèmes 44, 45, 46, *etc.*, *sur ces différents troncs.*

PROBLÊMES

LES SURFACES ET LES SOLIDES.

―――――

Premier Problême.

Quelle est la superficie d'un triangle de 5 mètres de base et de 6 mètres de hauteur?

Réponse : 15 mètres carrés.

2.

On demande combien il y a de mètres carrés dans la surface d'un plafond, en forme de triangle, de 7 mètres, 75 centimètres de base et de 6 mètres de hauteur?

Réponse : 23 m. c., 25 d. m. c.

3.

Un jardin en forme de triangle ayant pour base 20 mètres, et pour hauteur 38 mètres. Quelle est sa superficie?

Réponse : 380 m. c. ou 3 ares, 80 centiares.

4.

On demande 3 fr. 75 c., par mètre carré, pour faire le pavage d'une cour triangulaire de 12 mètres de base sur 15 mètres, 8 décimètres de hauteur; à combien reviendra le pavage de cette cour?

Réponse : 355 fr., 50 c.

Il faut multiplier la surface de la cour, 94 *mètres carrés,* 80 *décimètres carrés, par le prix du mètre,* 3 *fr.* 75 *c. : car, il est évident que si l'on doit payer* 3 *fr.* 75 *c. pour* 1 *mètre carré d'ouvrage, pour* 94 *m. c.* 80 *d. c., on devra payer* 94 *fois et* 80 *centièmes de fois plus.*

5.

Quelle est la superficie d'un carré ayant 12 mètres de côté?

Réponse : 144 mètres carrés.

6.

Quelle est la superficie d'un rectangle de 12 mètres de longueur sur 9 mètres, 25 centimètres de hauteur?

> Réponse : 111 mètres carrés.

7.

Quelle est la superficie d'un parallélogramme de 20 mètres de longueur et de 4 mètres de hauteur?

> Réponse : 80 mètres carrés.

8.

Quelle est la superficie d'un losange de 7 mètres, 25 centimètres de côté, et de 3 mètres de hauteur?

> Réponse : 21 mètres c., 75 décimètres carrés.

9.

Quelle est la superficie d'un trapèze dont la somme des deux côtés parallèles est de 25 mètres, et la hauteur de 12 mètres?

> Réponse : 150 mètres carrés.

10.

Quelle est la superficie d'un octogone régulier ayant 19 mètres de périmètres, et 3 mètres d'apothême?

Réponse : 28 m. c., 5o d. c.

11.

Combien y a-t-il de mètres carrés dans un hexagone régulier de 3 mètres de chaque côté et de 6 mètres d'apothême?

Réponse : 54 mètres carrés.

12.

Un platrier ayant fait un plafond de 5 mètres de longueur sur 3 mètres, 25 centimètres de largeur, demande combien il a gagné, sachant qu'on lui doit 1 fr., 25 c. par mètre carré?

Réponse : 20 fr., 31 c.

13.

Combien faut-il de dalles de o mètres, 75 centimètres de longueur, sur o mètres, 375 millimètres de largeur, pour paver une cour de 18 mètres de longueur sur 12 mètres de largeur ?

Réponse : 768 dalles.

Il faut diviser la surface de la cour, 216 mètres carrés, par la surface de la dalle, 0 m. c., 28 d. c., 12 c. c. ; car, il est évident qu'autant de fois la surface de la dalle sera contenue dans la surface de la cour, autant de dalles il faudra.

14.

Combien faut-il de planches de 4 mètres de longueur sur 0 m., 35 c. de largeur, pour faire un parquet de 8 mètres de côté ?

Réponse : 46 planches.

15.

On demande combien coûtera le badigeonnage de la façade d'une maison de 15 mètres de longueur sur 18 mètres de hauteur, sachant que le prix du badigeonnage est de 0 fr., 20 c. par mètre carré, et que cette façade a 11 fenêtres, de chacune 2 mètres, 5 décimètres, sur 1 mètre, 2 décimètres, et une porte de 3 mètres sur 1 mètre, 5 décimètres dont la surface ne doit pas être comprise dans le badigeonnage ?

Réponse : 46 fr. 50 c.

Il faut retrancher la surface des ouvertures, qui est, pour toutes les fenêtres et une porte, de 37 m. c. 50 d. c., de la surface entière de la façade, qui est de 270 m. c., et multiplier le reste, 232 m. c. 50 d. c., par 0 fr., 20 c.

16.

Quelle est la superficie d'un cercle de 12 m., 56 centimètres de circonférence, et de 4 mètres de diamètre ?

Réponse : 12 m. c., 56 d. c.

17.

Quelle est la circonférence d'un cercle de 3 mètres de diamètre?

Réponse : 9 mètres, 42 cent.

18.

Quel est le diamètre d'un cercle de 15 mètres, 75 centimètres de circonférence?

Réponse : 5 mètres.

19.

On demande combien il faut de carreaux de 0 m., 25 centim. de longueur sur 0 m., 125 mil-

limètres de largeur pour carreler un pavillon de
4 mètres de diamètre ?

Réponse : 405 carreaux.

20.

Combien faut-il de mètres de toile de 0 m., 8 d.
en largeur pour doubler un tapis de 12 mètres,
56 centimètres de circonférence?

Réponse : 15 m., 7 déc.

21.

Quelle est la superficie d'un icosaèdre régulier,
dont chaque face a 1 mètre de base et 0 mètre,
885 millimètres de hauteur?

Réponse : 8 m. c., 85 d. c.

22.

Quelle est la solidité d'un dodécaèdre de
40 m. c., 60 d. c. de surface et de 3 m., 6 d. de
diamètre?

Réponse : 24 m. cubes, 360 d. cubes.

23.

Quelle est la surface latérale d'un prisme hexa-

gonal, dont le périmètre de la base est de 4 mèt.,
25 centimètres et la hauteur de 8 mètres?

Réponse : 34 mètres carrés.

24.

Quelle est la solidité d'un prisme quadrangulaire de 5 mètres carrés, 80 décimètres carrés
de base et de 3 mètres de hauteur?

Réponse : 17 m. c., 400 d. c.

25.

Quelle est la solidité d'un cube ou hexaèdre
régulier de 1 mètre, 25 centimètres de côté?

Réponse : 1 m. c., 953 d. m. c.

26.

Un ouvrier ayant fait une citerne de 5 mètres
en tous sens, demande combien il a gagné, sachant qu'il doit recevoir 2 fr., 25 c. par mètre
cube?

Réponse : 281 fr., 25 c.

27.

On demande combien il y a de mètres cubes
dans un parallélipipède rectangle de 3 mètres de

longueur, de 2 mètres, 25 centimètres de largeur et de 5 mètres de hauteur ?

Réponse : 33 m. c., 750 d. c.

28.

Combien faut-il de mètres cubes de pierre pour construire un mur de 15 mètres de longueur, de o m., 4 d. de largeur, et de 3 m. de hauteur?

Réponse : 18 m. cubes.

29.

Une fontaine a 4 mètres de longueur, 3 m. de largeur et 5 mètres de profondeur. Combien contient-elle d'hectolitres d'eau?

Réponse : 60 m. c., ou 600 hectolitres.

Il faut savoir qu'un mètre cube d'eau, ou d'autre liquide, est équivalent à 10 hectolitres ou 1000 litres.

30.

Quelle est la surface latérale d'une pyramide triangulaire, dont le périmètre de la base est de 10 mètres et la hauteur de chaque triangle, formant cette surface, de 8 mètres, 25 centimètres?

Réponse : 41 m. c., 25 d. c.

31.

Combien y a-t-il de mètres cubes dans une pyramide pentagonale ayant 8 mètres carrés, 60 décimètres carrés de base et 9 mètres de hauteur?

> Réponse : 25 m. cubes, 800 d. c.

32.

Un peintre ayant mis en couleur la surface latérale d'une pyramide pentagonale dont chaque face a 3 mètres, 8 décimètres de base et 5 mètres de hauteur, demande combien il a gagné, sachant qu'il doit recevoir 3 fr., 25 c. par mètre carré?

> Réponse : 154 fr., 37 c.

33.

Quelle est la surface convexe d'un cylindre de 2 mètres, 25 centimètres de circonférence et de 8 mètres de hauteur?

> Réponse : 18 mètres carrés.

34.

Quelle est la solidité d'un cylindre dont la surface de la base est de 1 m. c., 25 d. c., et la hauteur de 5 mètres?

> Réponse : 6 m. c., 250 d. c.

35.

Un tailleur de pierre ayant fait une colonne de 0 m., 625 millim. de diamètre et de 5 mètres de hauteur, demande combien il a gagné, sachant qu'on lui donne 2 francs par mètre carré?

Réponse : 19 fr. , 62 c.

36.

Un charpentier, ayant acheté une pièce de bois de 0 m., 8 d. de diamètre et de 3 mètres de longueur, demande combien elle a de mètres cubes, et combien elle lui coûte, sachant qu'il l'a payée 18 fr. le mètre cube?

1re Réponse : 1 m. c., 507 d. c.

2e Réponse : 27 fr., 12 c.

37.

Quelle est la surface convexe d'un cône dont la circonférence de la base est de 6 mètres, 28 centimètres, et la hauteur de côté de 8 mètres, 25 centimètres?

Réponse : 25 m. c., 90 d. c., 50 c. c.

38.

Quelle est la solidité d'un cône de 3 mèt. carrés

14 décimètres carrés de base, et de 12 mètres
de hauteur?

Réponse : 12 m. c., 560 d. c.

39.

Combien faut-il d'ardoises de 0 m., 36 cent.
de longueur, sur 0 m., 12 centimètres de largeur, pour couvrir un toit en forme de cône, de
· 4 mètres de diamètre sur 10 mètres de côté ,
sachant que chaque ardoise ne couvre qu'un tiers
de sa surface?

Réponse : 4362 ardoises.

40.

Quelle est la superficie d'une sphère , de
1 mètre, 5 décimètres de diamètre?

Réponse : 7 m. c., 06 d. c.

41.

Quelle est la solidité d'une sphère de 9 mètres
carrés, 42 décimètres carrés de surface et de
3 mètres de diamètre?

Réponse : 14 m. c., 130 d. c.

42.

On demande 8 fr., 50 c. par mètre carré pour
faire un bassin présentant une demi-sphère de

4 mètres de diamètre. Combien coûtera ce bassin?

Réponse : 213 fr., 52 c.

43.

Un tube sphérique a 0 m., 72 centimètres de diamètre; combien peut-il contenir de litres de vin?

Réponse : 195 litres.

44.

Quelle est la solidité d'un tronc de prisme triangulaire dont la somme des trois arêtes est de 13 mètres, 5 décimètres et la surface de sa base de 9 mètres carrés, 60 décimètres carrés?

Réponse : 43 m. c., 200 d. c.

45.

On demande quelle est la surface convexe d'un tronc de pyramide dont le contour de la base supérieure est de 3 mètres, celui de la base inférieure de 4 mètres, 8 décimètres, et la hauteur de chaque plan, de 5 mètres?

Réponse : 19 m. c., 50 d. c.

46.

Quelle est la solidité d'un tronc de pyramide

dont la base supérieure est de 16 mètres carrés ; la base inférieure, de 20 mètres carrés, et la hauteur de 6 mètres ?

Réponse : 107 m. c., 760 d. c.

47.

Quelle est la surface convexe d'un tronc de cône dont la circonférence de la base supérieure est de 8 mètres ; celle de la base inférieure, de 10 mètres, et la hauteur de côté, de 5 mètres ?

Réponse : 45 mètres carrés.

48.

Un tronc de cône a pour base supérieure 12 mètres carrés, 56 décimètres carrés, pour base inférieure, 50 mètres carrés, 24 décimètres carrés, et pour hauteur, 6 mètres. Quelle est sa solidité ?

Réponse : 175 m. c., 840 d. c.

49.

Combien faudrait-il de pièces de tôle de 0 m., 75 centimètres de longueur sur 0 m., 4 décim. de largeur, pour faire une chaudière dont le diamètre de la base supérieure serait de 1 mètre, le diamètre de la base inférieure, de 1 mètre, 25 centimètres et la hauteur de 8 mètres?

Réponse : 118 pièces.

50.

La base supérieure d'une cuve a 2 mètres de diamètre, la base inférieure, 2 mètres, 5 décimètres, et la hauteur 3 mètres, 6 décimètres : combien peut-elle contenir d'hectolitres?

Réponse : 146 hect., 40 litres.

FIN.

TABLE.

1ere.

A —————————————— B
c

B   D

2

A   C A

3

B

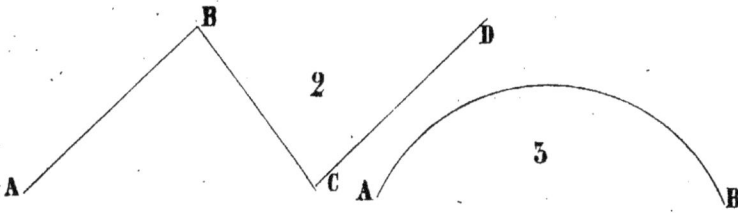

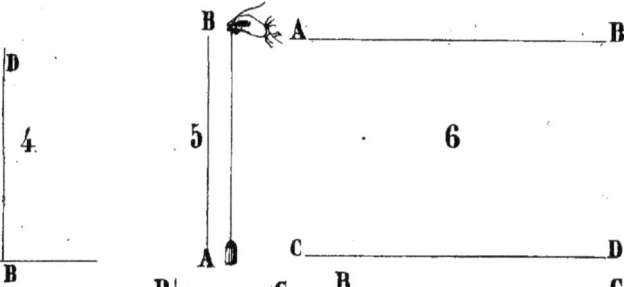

D

4.

B

7

B

5

A

A   B

C ——————————— D
C   B ————————— C

6

9

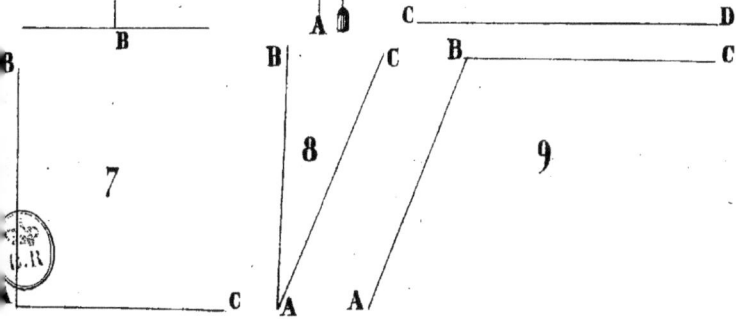

B   C
B

8

C   A   A

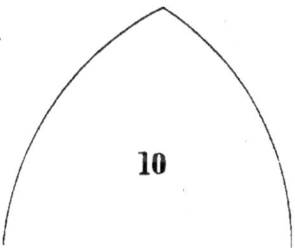

10   11

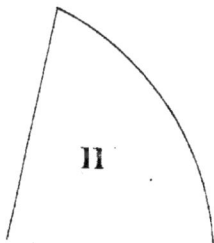

Planche N° 2.

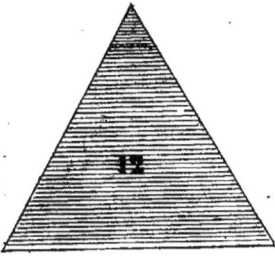

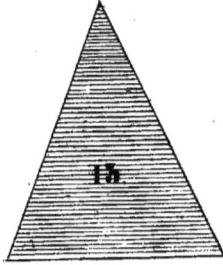

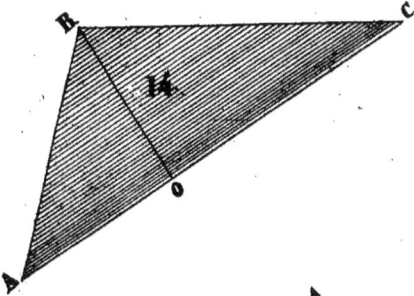

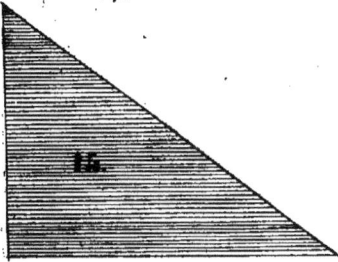

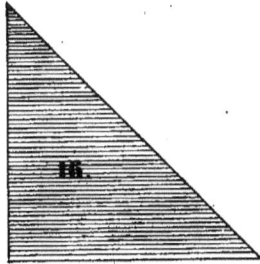

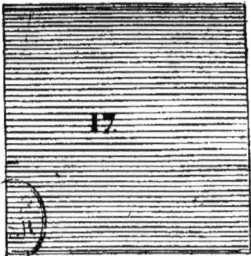

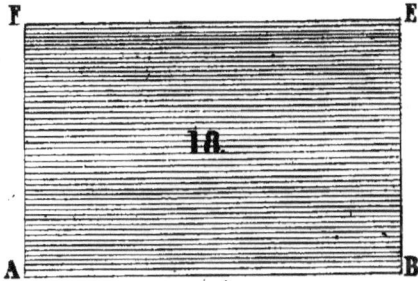

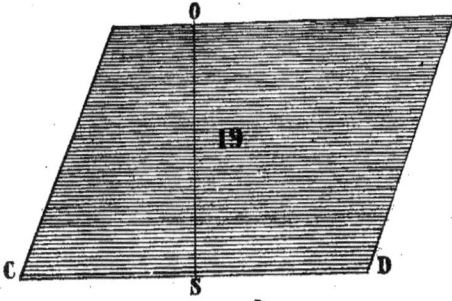

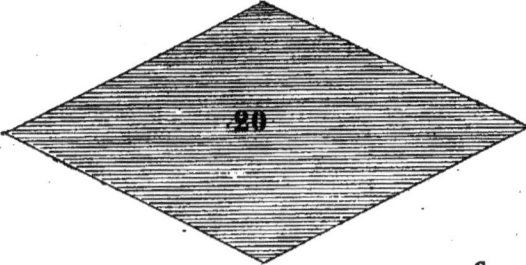

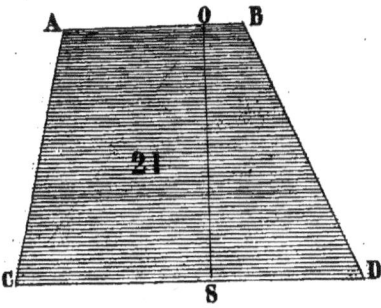

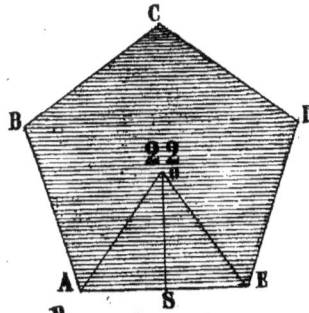

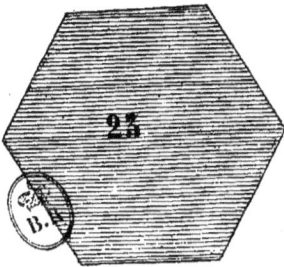

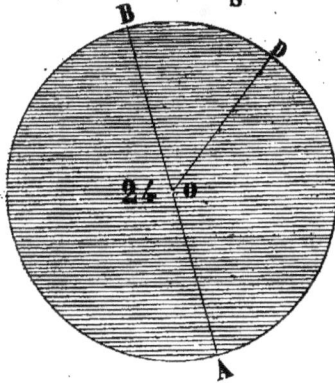

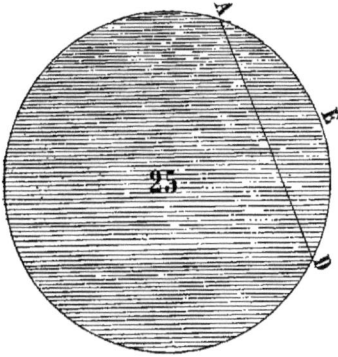

25

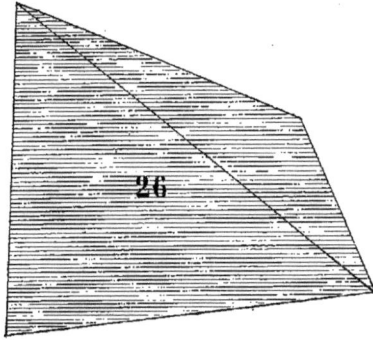

26

28

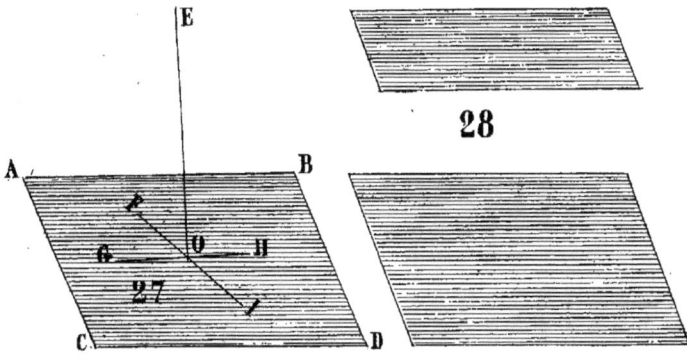

27

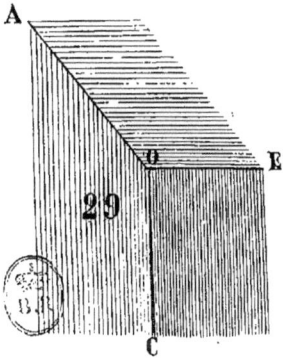

29

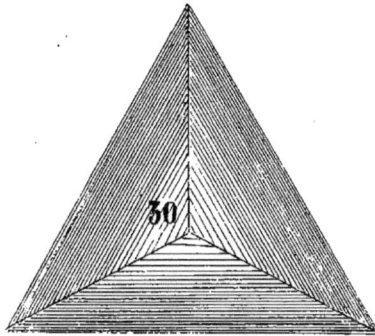

30

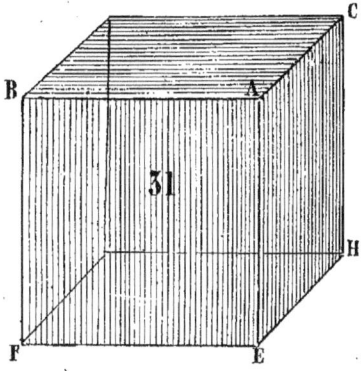

31

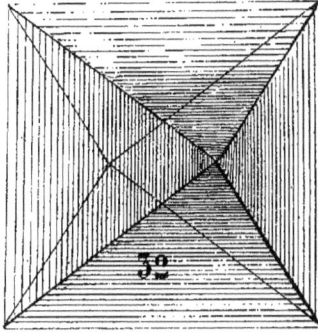

32

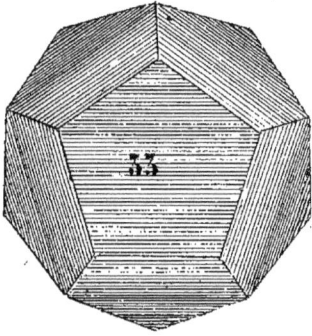

33

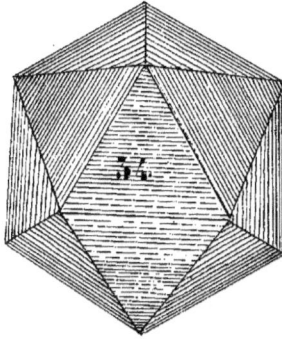

34

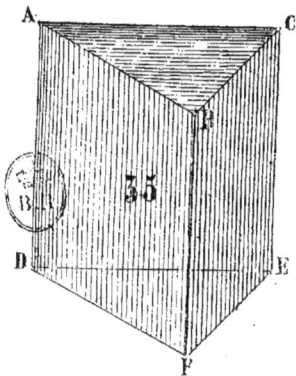

35

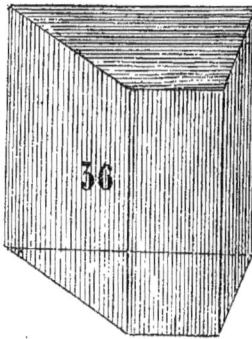

36

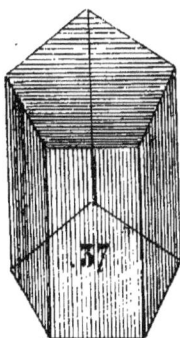

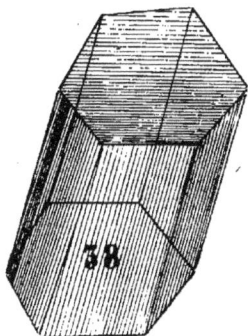

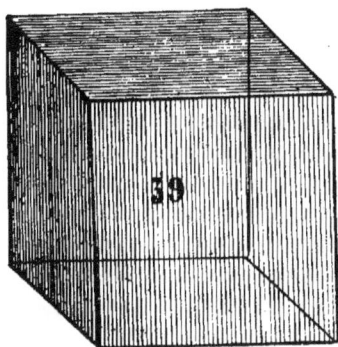

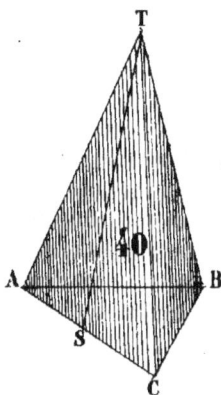

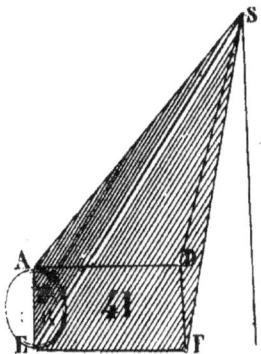

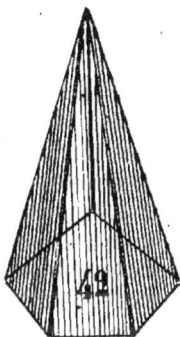

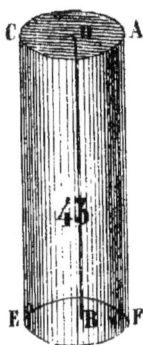

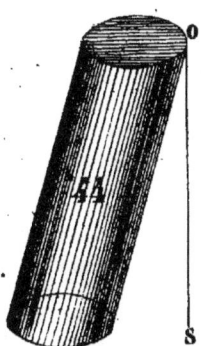

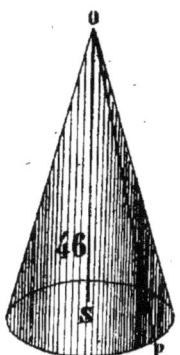

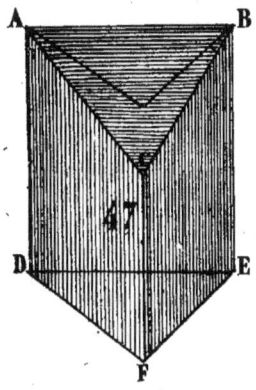

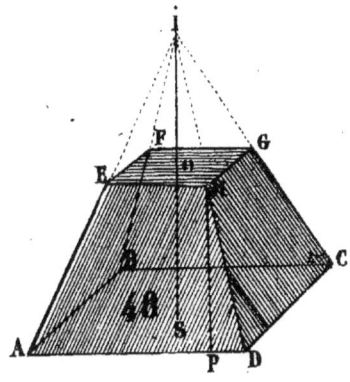

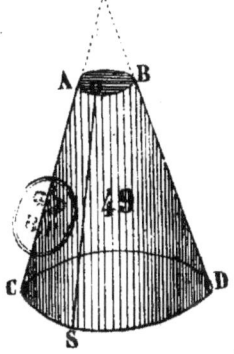

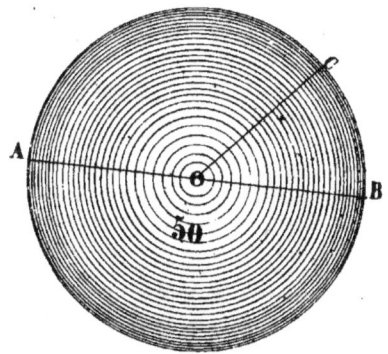

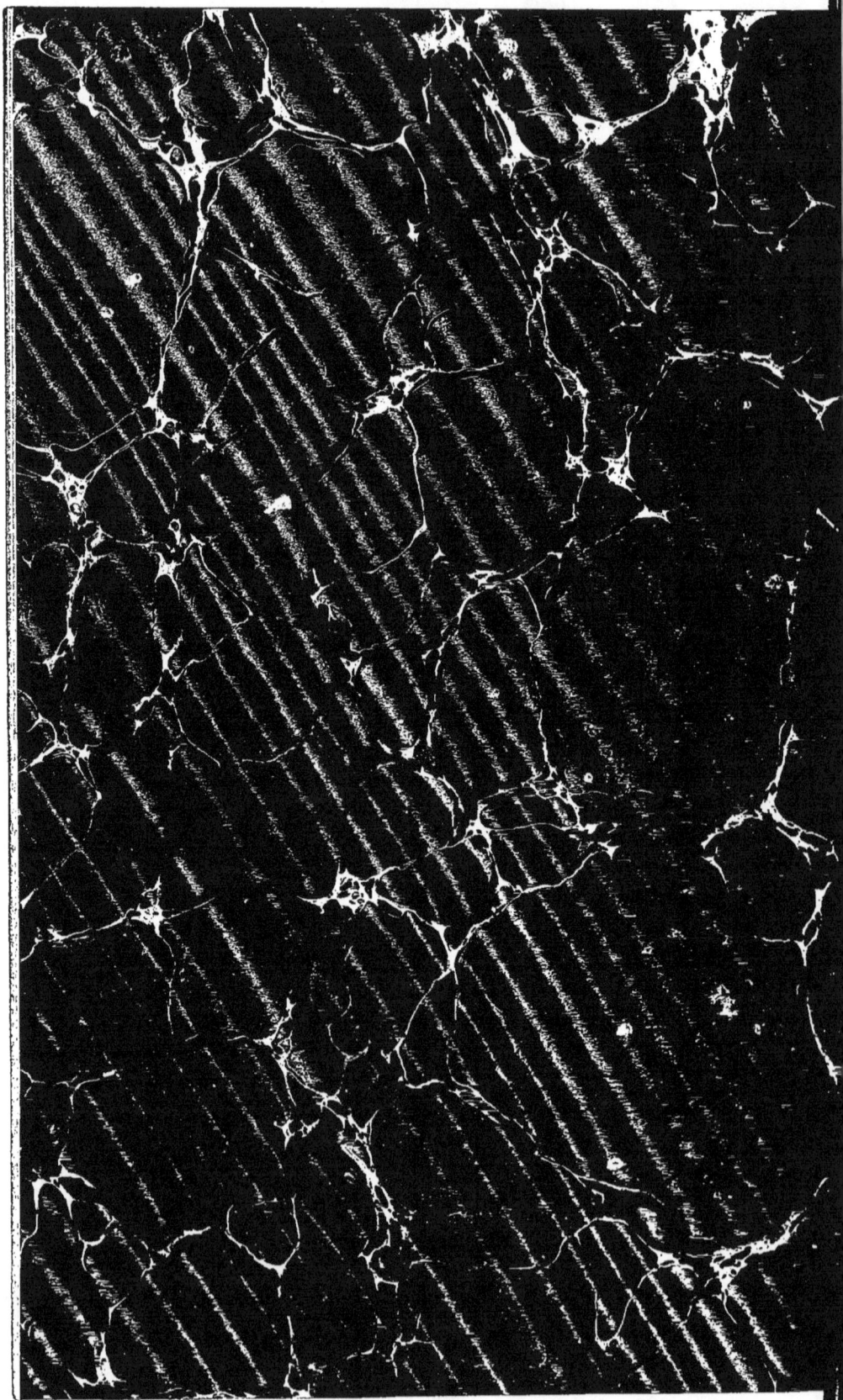

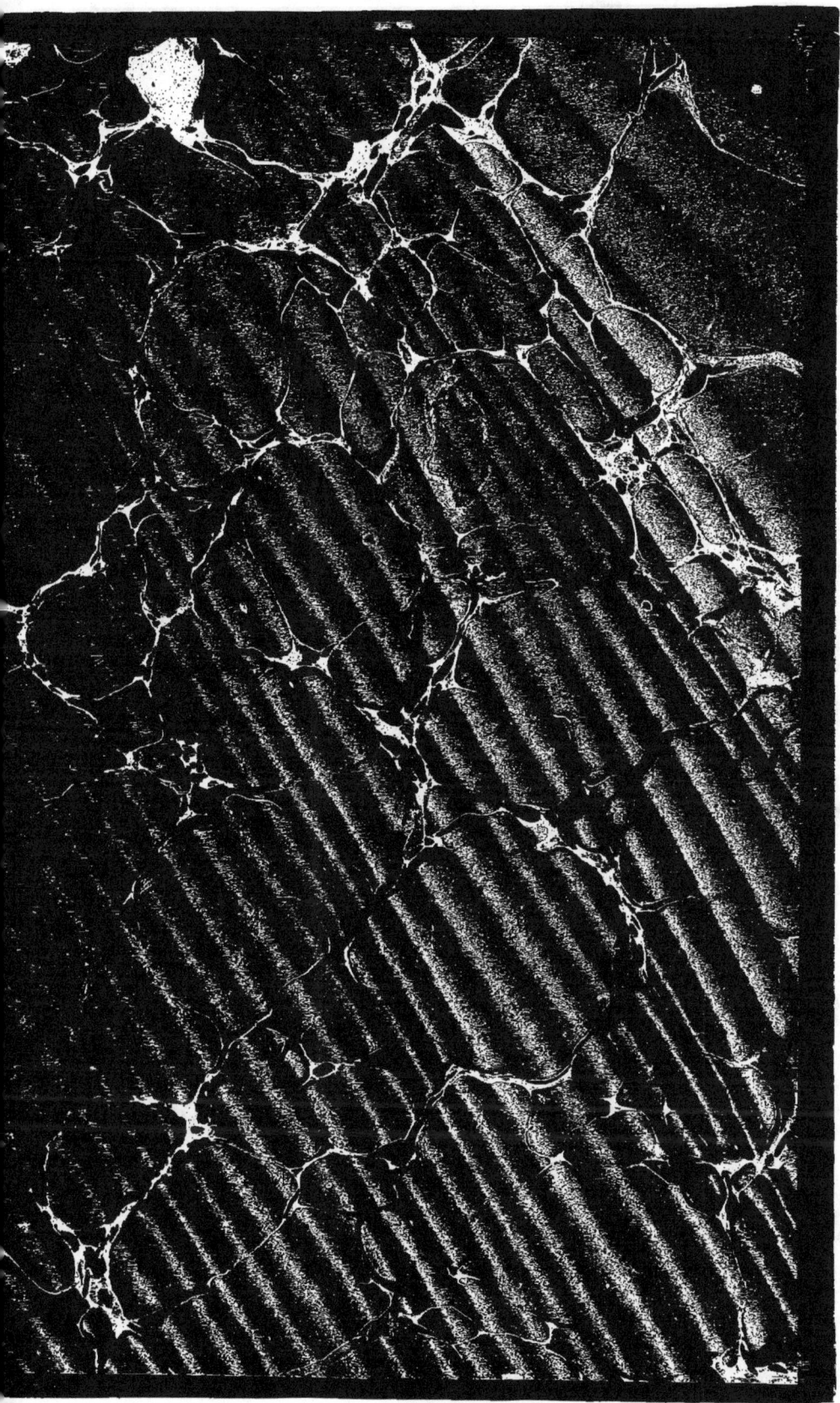

www.ingramcontent.com/pod-product-compliance
Lightning Source LLC
Chambersburg PA
CBHW050552210326
41521CB00008B/937